JN430575

쉽게 찾는 우리 나무 3
| 도시나무 - 봄 |

초판 1쇄 발행 | 2000년 4월 5일
초판 12쇄 발행 | 2013년 4월 30일

지은이 | 서민환 · 이유미
펴낸이 | 조미현

인쇄 | 영프린팅
제책 | 쌍용제책사
디자인 | 황종환 · 김세라 · 이기준

펴낸곳 | (주)현암사
등록 | 1951년 12월 24일 · 제10-126호
주소 | 121-839 서울시 마포구 서교동 481-12
전화 | 365-5051 · 팩스 | 313-2729
전자우편 | editor@hyeonamsa.com
홈페이지 | www.hyeonamsa.com

글 ⓒ 서민환 · 이유미
사진 ⓒ 현암사

* 잘못된 책은 바꾸어 드립니다.
* 지은이와 협의하여 인지를 생략합니다.

ISBN 978-89-323-1040-4 04480
ISBN 978-89-323-1037-4 (세트)

쉽게 찾는 우리 나무 ❸
도시나무 │ 봄 │

서민환 · 이유미 지음

현암사

●책머리에

나무는 정말 놀라운 존재입니다. 생각만 해도 가슴이 벅차 오를 만큼 웅장하고 신비로우며, 가까이 다가서면 더없이 정답고 푸근합니다. 자세히 들여다보면, 솜털 하나, 잎맥 하나하나가 살아 움직여 그 섬세함에 감탄하곤 합니다.

하지만 많은 사람이 이 좋은 나무를 가까이하고 싶어도 나무를 잘 알지 못하여 어렵게 느끼곤 합니다. 작은 종자에서 30m에 이르는 거목이 되기까지, 그리고 작은 겨울눈이 터서 잎이 나고 꽃이 피고, 열매를 맺고 낙엽이 지기까지 수없이 모습을 바꾸니 어찌 보면 어려운 것이 당연한 일이겠지요. 그래서 우리는 나무에 더 큰 매력을 느끼는지도 모르겠습니다.

사실 우리가 잘 알고 있다고 생각하는 진달래나 벚나무도 꽃이 져 버리면, 특징을 알 수 없는 비슷비슷한 '나무'로 느끼게되고, 우리 민족이 가장 아낀다는 소나무를 잣나무와 구별해 내기도 쉬운 일은 아닙니다. 그 밖에도 제대로 알지 않으면 구별하기 어려운 나무는 많지요.

『쉽게 찾는 우리 나무』는 바로 이러한 어려움을 어떻게 하면 조금이라도 덜 수 있을까, 누구나 쉽게 나무를 알고 가까이할 수 있게 하는 방법은 무엇일까, 많이 궁리하며 만들었습니다.

이 책에는 멀리서 본 나무의 모습, 나무를 구별하는 특징이 되는 잎과 꽃, 열매 그리고 이 모든 것이 다 떨어져 버리는 겨울에도 의연히 서 있는 겨울 나무를 구별할 수 있게 하는 수피(樹皮) 등 나무의 생태에 대한 자세한 내용, 구별하기 어려운 나무와의 차이점 등을 실어 누구나 나무에 대해 제대로 알 수 있게 엮었습니다. 산이나 공원에 갈 때 주머니나 손가방에 부담 없이 넣어 가지고 다니면 큰 도움이 되리라 생각합니다.

이제 나무를 찾아 숲으로 떠날 때에는 『숲으로 가는 길』을 보며 방향을 정하고, 숲에서는 이 『쉽게 찾는 우리 나무』를 펼쳐 보며 궁금한 나무를 찾아내고, 집으로 돌아가 책꽂이에 꽂힌 『우리가 정말 알아야 할 우리 나무 백가지』를 펼쳐 그 나무의 속 깊은 이야기를 읽으며 사색에 잠긴다면 나무와 완전한 교류를 하는 셈이 아닐까 생각하니 필자들 스스로 참 즐거움을 느낍니다. 저희만의 꿈같은 생각을 한 것인가요?

많은 나무의 다양한 모습을 담으려니 지면이 많이 필요했습니다. 독자들이 손쉽게 지니고 다닐 수 있도록, 산에서 볼 수 있는 나무를 '산나무'로, 도시에서 흔히 볼 수 있는 나무를 '도시나무'로 나누어 묶었고, 책에 나무를 어떤 순서로 배열할까 고민하다, 대부분의 사람이 꽃을 보며 나무를 알아보는 경우가 많다는 결론을 얻어 꽃 색깔별로 나누어 전부 4권에 실었습니다. 부디 많은 사람에게 친구처럼 정다운 책이 되었으면 좋겠습니다.

책을 내기로 한 후, 바쁜 일을 핑계로 오랫동안 미룬 저희를 기다려 주신 현암사 조근태 사장님과 형난옥 주간님께 감사드립니다. 책을 만들기까지 여러 날을 함께 고생한 김현림 부장님, 황종환·김세라 씨를 비롯한 편집부 식구들은 산고를 함께한 가족 같아 감사한 마음을 표하기도 새삼스러울 지경입니다. 우리가 나무를 찾아 숲을 헤매는 동안 변함없이 따뜻하게 지켜 봐 주신 어머니와 밝게 자라나는 딸 한나에게도 고마운 마음을 전합니다. 끝으로 이원규 선생님의 좋은 사진으로 책이 아름다워졌음을 밝혀 둡니다.

2000년 3월 봄을 맞으며
서민환·이유미

❸권 도시나무 | 봄 | 차례

꽃을 보기 어려운 나무
(침엽수, 대나무류)

녹색

흰색

❶권 산나무 | 봄 | 차례

❷권 산나무 | 여름 · 가을 | 차례

❹권 도시나무 | 여름·가을 | 차례

나무를 쉽게 보는 방법

잎

● 잎의 종류와 부분별 이름

측맥

잎자루

잎가장자리 톱니(거치)

잎아래
(엽저)

잎끝(엽선)

주맥

단엽(참조팝나무)

삼출엽(칡)　　　　**장상 복엽**(오갈피나무)　　　　**우상 복엽**(아까시나무)

● 잎의 배열

어긋나기(올벚나무)　　　　마주나기(개회나무)

잎의 모양

바늘잎(소나무)

선형(젓나무)

피침형(꼬리조팝나무)

달걀형(물박달나무)

긴 타원형(만병초)

원형(박태기)

삼각형(송악)

심장형(피나무)

마름모형(산조팝나무)

타원형(참빗살나무)

위가 넓은 달걀형(함박꽃나무)

위가 넓은 피침형(갯버들)

꽃

● 꽃의 구성

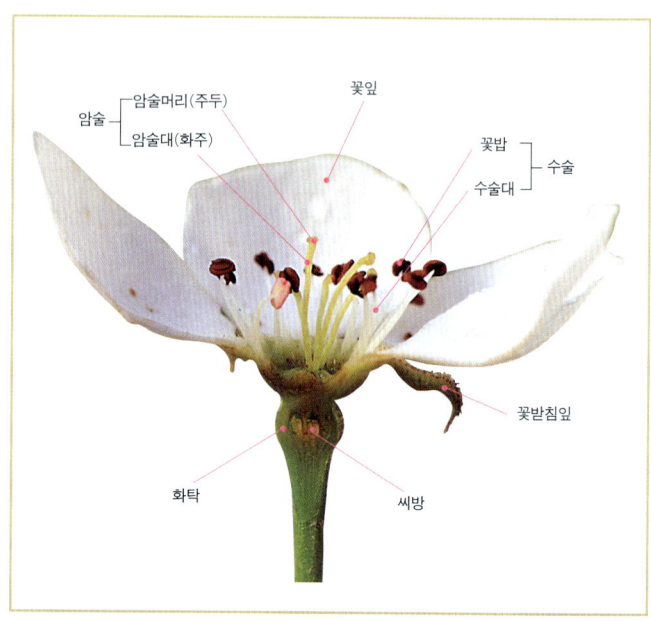

암술 ─┬─ 암술머리(주두)
      └─ 암술대(화주)

꽃잎

꽃밥 ─┐
      ├ 수술
수술대 ─┘

꽃받침잎

화탁

씨방

원추 화서(미역줄나무)

● 꽃차례(화서)의 종류

수상 화서(좀깨잎나무)

유이(꼬리) 화서(박달나무)

복산형 화서(백당나무)

산형 화서(팔손이)

총상 화서(아까시나무)

취산 화서(박쥐나무)

열매

● 열매의 종류

장과(포도)

협과(아까시나무)

시과(당단풍)

핵과(매실)

삭과(무궁화)

구과(일본잎갈나무)

견과(신갈나무)

골돌(함박꽃나무)

낭과(고추나무)

수과(으아리)

이과(배나무)

취합과(멍석딸기)

장미과(장미)

나무

● 매실나무(만첩분홍매)의 한살이

1 두꺼운 열매 껍질이 벌어지고
씨앗이 나와

2 땅에 떨어지면
뿌리가 나오기 시작하고

5 성숙한 나무에서 꽃봉오리가 맺히고

6 꽃이 피어 곤충이 찾아들면

9 점차 노란색으로 변해

10 익어 간다.

3 새순과 뿌리가 자라기 시작하여

4 어린 나무가 커 나가고

7 암꽃과 만나꽃가루받이가 일어나고
씨방이 자라기 시작하여

8 열매가 맺히는데, 파랗던 열매는

● 일러두기

1. 『쉽게 찾는 우리 나무』는 '산'과 '도시'에서 볼 수 있는 나무로 나누어, '산나무 편'에는 산에서 저절로 자라는 나무를 중심으로, '도시나무 편'에는 도시의 공원이나 정원은 물론 인가 주변에 심어 가꾸는 나무를 중심으로 실었다. 또한 꽃이 피는 계절에 따라 각각 '봄'과 '여름·가을' 편으로 나누어 전4권에 대표적인 나무 총 600여 종을 다루었다.

2. 6월에 꽃이 피는 나무는 '여름·가을 편'에 수록하였다.

3. 식물 이름은 '대한식물도감'을 기준으로 하여 실었다.

수피 / 나무껍질. 겨울에 나무를 제대로 식별하는 특징이 된다.

이명 / 지방에 따라 쓰이는 향명이나 이명

잎 / 잎의 모양

식물 이름 / 대표적인 우리 이름

꽃을 보기 어려운 나무

소나무 ^(솔, 적송, 육송)

학명 / 세계가 함께 쓰이는 라틴명. 속명, 종소명 및 명명자로 구성됨.

Pinus densiflora Siebold et Zuccarini
소나무과

과명 / 식물이 포함된 과명

34

꽃 색깔 / 나무를 꽃 색깔로 찾아볼 수 있다.

개화 시기 / 평균적으로 개화하는 시기를 색깔로 표시함. 숫자는 월

수형 / 기본적인 수형을 다 자란 후의 형태별로 알기 쉽게 16가지로 도식화함. 초록색인 것은 상록수, 두 가지 색으로 표현된 것은 낙엽수

예

상록수   낙엽수

식물의 특징 / 식물의 주요 특징으로 분포, 성상, 높이, 줄기, 잎, 꽃, 열매의 특징, 번식 방법, 중요한 용도 등을 알려줌.

분포 / 우리 나라 전역
특징 / 상록 교목. 높이 30m
줄기 / 붉은 수피
잎 / 침엽으로 2개씩 속생함.
길이는 6~12cm
열매 / 구과. 달걀 모양이며 길이는
3~5.5cm로 다음해 9월에 익음.
번식 / 종자
용도 / 관상수, 조림수, 약용, 식용

4. 각 권에서는 꽃의 색깔에 따라 유사한 색깔끼리 묶어 백색, 유백색 등은 '흰색', 녹황색·황갈색 등을 합하여 '노란색', 빨강·보라·분홍 등은 '붉은색', 녹색·황록색·백록색·연두색 등은 '녹색'으로 구분하였으며, 침엽수나 대나무처럼 꽃은 있지만 보기가 어려운 나무들은 따로 묶었다. 색깔 안에서는 나무가 원시적인 순서, 일반적인 도감 배열이다.
5. 가능한 한 쉬운 용어로 풀어썼으며 나무를 쉽게 찾아보고 이해할 수 있도록 기본적인 생김새나 기관을 해설하고 생활사를 수록하였다.
6. 찾아보기는 4권을 모두 합하여 작성하였다.

꽃 색깔

수꽃 / 암꽃

나무를 구별하는 데 특징이 되는 잎과 꽃, 열매 등 생생한 사진을 실음.

처진소나무

* **금강소나무**(for. *erecta*) : 수피가 더 붉고 수형이 곧음.
* **처진소나무**(for. *pendula*) : 가지가 밑으로 처지는 것
* **반송**(for. *multicaulis*) ☞ '❸권 도시나무·봄」 39쪽 : 밑부분부터 줄기가 20~30개로 갈라져 관목처럼 자라는 것.
* **백송**(P. bungeana) ☞ '❸권 도시나무·봄」 37쪽 : 줄기에 흰빛이 돌고 잎이 3개씩 모여 나는 것이 다르다.
* **리기다소나무** ☞ '❹권·봄」 42쪽 : 잎이 3개씩 모여 나며 줄기에도 잎이 돋는 것이 다르다.
* **곰솔** ☞ '❹권」44쪽 : 수피가 검고 잎이 더 길고 빳빳한 것이 다르다.

유사한 나무 / 혼동하기 쉬운 나무를, 차이점과 특징을 중심으로 서술함.

유사한 나무 찾기 / 유사한 나무 가운데 다른 권에 포함된 나무는 ❸ ❹권 도시나무(또는 ❶ ❷권 산나무) ☞ ○○쪽'으로 표시했고, 같은 책의 다른 쪽에 실려 있으면 '☞○○쪽'으로 표시하여 쉽게 찾아볼 수 있게 함.

꽃을 보기 어려운 나무

침엽수, 대나무류

은행나무(행자목, 공손수)

Ginkgo biloba Linnaeus
은행나무과

22

수꽃 꽃차례

분포 / 중국 원산. 전국에서 심음.

특징 / 낙엽 교목. 높이 40m

줄기 / 회갈색이며 수피는 갈라짐.

잎 / 부채 모양으로 길이는 5~15cm. 차상(叉狀)맥

꽃 / 암수딴그루. 수꽃은 꼬리 화서이고 길이는 3cm이며 노란색.
암꽃은 방망이 모양.

열매 / 핵과. 구형이며 주황색이다. 바깥 껍질에서는 냄새가 난다.
8~10월에 익음.

번식 / 종자, 꺾꽂이, 접목

용도 / 관상수, 가로수, 약용, 식용, 가구재

열매

주목

Taxus cuspidata Siebold
et Zuccarini
주목과

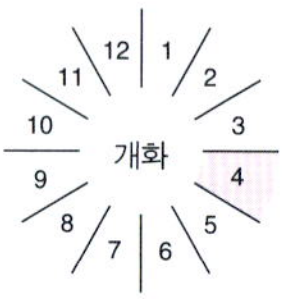

24

개화

위부터 암꽃 / 열매

분포 / 전국 고산
특징 / 상록 교목. 높이 20m
줄기 / 홍갈색이며 얇게 띠 모양으로 벗겨짐. 심재는 붉은색
잎 / 선형이며 길이는 1.5~2.5cm. 뒷면에 2개의 황록색 줄이 있음.
꽃 / 암수딴그루. 수꽃은 갈색. 암꽃은 달걀형.
열매 / 해과상. 과육은 종자의 일부만 둘러쌈. 붉은색으로 9~10월에 익음.
번식 / 종자, 꺾꽂이
용도 / 관상수, 조림수, 약용, 가구재, 건축재

눈주목(*Taxus cuspidata* var. *nana*) : 주목과 달리 관목상으로 줄기가
여러 개 나와 자람.

소백산 주목 군락지(천연기념물 244호)

개비자나무

Cephalotaxus koreana Nakai
개비자나무과

28

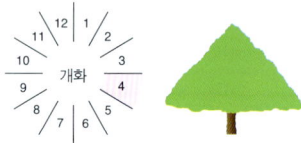

분포 / 중부 이남
특징 / 상록 관목. 높이 3m. 둥근 수관을 형성함.
잎 / 선형이며 길이는 5cm, 2열성 배열. 주맥이 도드라짐.
꽃 / 암수딴그루. 수꽃 화서는 구형이며 10송이, 암꽃 화서는 2송이
열매 / 핵과. 타원형으로 길이는 17~18mm. 붉은색으로 다음해
8~9월에 익음.
번식 / 종자; 꺾꽂이
용도 / 관상수, 기구재, 식용(열매)

위부터 수꽃 / 덜 여문 열매 / 열매

비자나무 열매

*비자나무 (*Torreya nucifera*) ☞『❶권 산나무-봄』22쪽 : 개비자나무는
잎 양면에 주맥이 발달한 반면 비자나무는 주맥이 한 면만 두드러진 것이 다르다.

독일가문비

Picea abies Karsten
소나무과

위부터 독일가문비 수꽃 / 덜 여문 열매

분포 / 유럽 원산. 전국에서 심음(1920년경 도입).
특징 / 상록 교목. 높이는 30~50m.
잎 / 선형, 단면이 마름모형. 길이는 1.2~2.5cm이고 끝이 뾰족함.
꽃 / 암수한그루. 수꽃 화서는 원통형으로 2~2.5cm,
암꽃 화서는 4~4.5cm.
열매 / 구과이며 긴 원주형으로 길이는 10~15cm.
밑으로 처지고 10월에 익음.
번식 / 종자
용도 / 관상수(유럽 크리스마스 트리), 조림수, 건축재

가문비나무의 열매

*가문비나무(*Picea jezoensis*) ☞ 『❶권 산나무 - 봄』 32쪽 : 가문비나무는
잎의 단면이 렌즈처럼 볼록한 반면 독일가문비나무는 마름모형이고
잎 달린 가지가 처진 듯하다.

스트로브잣나무

Pinus strobus Linnaeus
소나무과

34

분포 / 북미 원산. 중부 이남에서 심음(우리 나라에는 1920년경 도입).
특징 / 상록 교목. 높이 25~50m. 수형은 원추형
수피 / 녹회색
잎 / 침엽이 5개이며 길이는 6~14cm. 청록색이며 가늘다.
꽃 / 암수한그루. 5월에 개화하며 암꽃 화서는 가지 끝부분에 1~3개씩 달림.
열매 / 구과로 원주형임. 길이는 8~20cm이며 약간 구부러짐. 10월에 익음.
번식 / 종자
용도 / 조림수, 관상수, 건축재

위부터 수꽃 / 열매

잣나무의 1년생 열매

*잣나무(*Pinus koraiensis*) ☞ 『❶권 산나무-봄』 36쪽 : 스트로브잣나무는
잣나무에 비해 잎이 부드러워 처지고 종자에 날개가 있다.

백송

Pinus bungeana Zuccarini
et Endlicher
소나무과

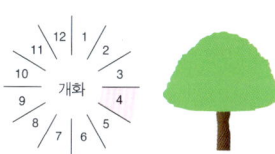

분포 / 중국 원산. 전국에서 심음(600여 년 전 도입).
특징 / 상록 교목. 높이 30m
수피 / 백색이며 종잇장처럼 벗겨짐.
잎 / 침엽이 3개이며 길이는 5~10cm
꽃 / 암수한그루
열매 / 구과. 달걀형이며 길이는 6cm. 다음해 10~11월에 익음.
번식 / 종자
용도 / 관상수

위부터 백송의 수꽃 / 열매

반송

Pinus densiflora for.
  multicaulis Uyeki
소나무과

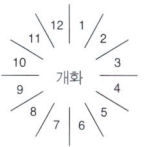

위부터 반송의 수꽃 화서 / 열매

분포 / 전국에 자생함.
특징 / 관목상. 높이 10m
줄기 / 밑동부터 여러 번 갈라져 관목상 수형을 이룸.
잎 / 침엽이 2개이며 길이는 6~12cm
꽃 / 암수한그루. 수꽃 화서는 타원형이며 길이 1cm,
암꽃 화서는 달걀형이며 길이 6mm
열매 / 구과. 달걀형이며 길이는 3~5.5cm. 다음해 9월에 익음.
번식 / 접목, 종자
용도 / 관상수

소나무

*소나무(*Pinus densiflora*) ☞ 『❶권 산나무 - 봄』 38쪽 : 반송은 소나무 품종으로 줄기가 많이 갈라져 반원형이고 소나무보다 열매가 더 작다.

낙우송

Taxodium distichum (L.) Richard
낙우송과

열매

분포 / 북미 원산. 전국, 특히 물가에 심음.
특징 / 낙엽 교목. 높이 30~50m
줄기 / 수피는 적갈색이며 길게 벗겨짐. 수관은 원추형.
기부에 혹 모양의 뿌리(knee root)가 돌출함.
잎 / 우상 복엽. 어긋나기. 소엽은 선형이며 두 줄로 배열됨.
길이는 10~17mm
꽃 / 암수딴그루. 수꽃 화서는 자주색이며 원추형,
10~15mm쯤 되며 늘어짐. 암꽃 화서는 타원형.
열매 / 구과. 구형이며 지름은 3cm 내외. 10월에 익음.
번식 / 종자, 꺾꽂이
용도 / 관상수

*메타세콰이어 ☞44쪽 : 메타세콰이어는 깃털 같은 잎이 마주나는 반면
낙우송은 어긋난다.

메타세콰이어

Metasequoia glyptostroboides Hu
  et Cheng
낙우송과

44

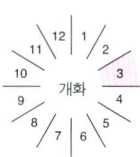

열매

분포 / 중국 원산. 전국에서 심음.
특징 / 낙엽 교목. 높이 35m
잎 / 우상 복엽. 마주나기. 깃털 모양.
소엽은 선형으로 길이는 10~25mm이며 두 줄 배열임.
꽃 / 수꽃 화서에는 20개의 수술이 달림.
암꽃 화서에는 22~26개의 실편이 달림.
열매 / 타원형 구과이며 아래로 처짐.
길이는 18~25mm이며 11월에 익음.
번식 / 꺾꽂이, 종자
용도 / 관상수, 가로수

삼나무

Cryptomeria japonica
(L. fil.) D. Don
낙우송과

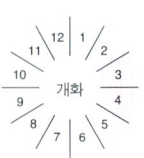

분포 / 일본 원산. 남부 지방에서 심음.
특징 / 상록 교목. 높이 40~60m
수피 / 적갈색이며 세로로 깊게 갈라져 벗겨짐.
잎 / 침형이며 약간 굽음. 끝이 뾰족함. 길이는 6~15mm
꽃 / 암수한그루. 수꽃은 총상 화서이며 길이는 10mm. 암꽃 화서는 구형
열매 / 구과. 구형으로 길이는 1~3cm. 10월에 익음.
번식 / 종자, 꺾꽂이
용도 / 조림수, 방풍림, 건축재, 가구재

위부터 열매 / 수꽃

*넓은잎삼나무(*Cunninghamia lanceolata*) : 삼나무보다 잎이 넓고 길며 딱딱하다.
두 줄씩 수평으로 달린다.

편백

Chamaecyparis obtusa
(Sieb. *et* Zucc.) Endlicher
측백나무과

48

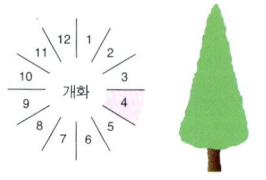

분포 / 일본 원산. 남부 지방에서 심음.

특징 / 상록 교목. 높이 40m.

줄기 / 수피는 적갈색이며 세로로 얇게
벗겨짐.

잎 / 비늘잎이며 달걀형. 길이는 1~1.5mm.
뒷면의 백색 기공조선은 Y자형

열매 / 구과. 구형으로 지름은 1.0~1.2cm,
홍갈색. 실편은 8개. 종자는 2개씩이며
좁은 날개가 달림. 9~10월에 익음.

번식 / 종자, 꺾꽂이

용도 / 조림수, 관상수, 방풍수, 생울타리,
목재(건축재, 조각재), 정유(향료, 약용)

왼쪽 위부터 잎과 암꽃 / 수형 / 열매 /
덜 여문 열매

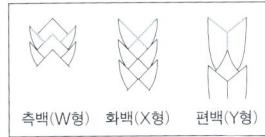

측백(W형)   화백(X형)   편백(Y형)

*황금편백(*C*. cv. Nana Aurea) : 관상수로 개발된 원예 품종.
잎에 황금색 반엽이 있음.

*화백(*C. pisifera*) ☞50쪽 : 잎 끝이 뾰족하고 뒷면의 기공조선이 X자형

*측백(*Thuja orientalis*) ☞『❶권 산나무 - 봄』46쪽 : 열매의 실편이 포개져 있으며
열매에 날개가 없고, 잎 뒷면의 기공조선이 W자형이다.

*천지백(*T. orientalis* for. *sieboldii*) : 왜소형. 지상부에 줄기가 많이 갈라져
둥근 수형을 이룸.

*서양측백(*T. occidentalis*, 미국측백) : 수관이 더 좁고, 가지가 사방으로 퍼진다.

화백

Chamaecyparis pisifera
(Sieb. *et* Zucc.) Endlicher
측백나무과

위부터 열매 / 수꽃

분포 / 일본 원산. 중부 이남에서 주로 심음.
특징 / 상록 교목. 높이 50m
수피 / 홍갈색이며 얇게 벗겨짐.
잎 / 긴 달걀 모양이며 끝이 뾰족함. 뒷면에 W자형 백색 기공조선이 있음.
꽃 / 암수딴그루. 잎 끝에 달림.
열매 / 구과. 구형으로 지름이 6mm. 암갈색, 실편은 8~12개.
종자의 길이는 2~3mm이며 양쪽에 넓은 날개가 달림. 9~10월에 익음.
번식 / 종자, 꺾꽂이
용도 / 조림수, 관상수, 목재(건축재, 기구재)

*실화백(cv. Filifera) : 왜소형으로 가는 가지가 실처럼 늘어짐.
*황금실화백(cv. Filifera Aurea) : 잎이 황금색임.

향나무(노송나무)

Juniperus chinensis Linnaeus
측백나무과

52

위부터 암꽃 / 열매

분포 / 울릉도 및 전국
특징 / 상록 교목. 높이 20m
수피 / 적갈색이며 세로로 갈라져 벗겨짐.
잎 / 비늘잎이 묵은 가지에 달림. 끝이 둔하고 침엽이 3개씩 돌려남.
길이는 6~12mm
꽃 / 암수딴그루. 수꽃은 황색이며 가지 끝에서 긴 타원형을 이룸.
암꽃 3~8개 포린으로 구성됨.
열매 / 구과. 원형이며 흑자색. 지름은 6~8cm, 종자는 2~4개.
다음해 9~10월에 익음.
번식 / 종자, 꺾꽂이
용도 / 조경수, 목재(향료, 조각재, 가구재 등)

위부터 눈향나무 / 연필향나무

*뚝향나무(var. *horizontalis*) : 가지와 원대가 비스듬히 자라다가
전체가 수평으로 퍼지는 것이 특징. 한국 특산
*눈향나무(var. *sargentii*) : 침엽의 길이가 3~5mm로 작고 비스듬히 누워 자란다.
*둥근향나무(var. *globosa*, 옥향) : 곧게 자라지 않고 밑에서 여러 개의 가지로
갈라져 둥근 수형을 형성
*나사백(var. *kaizuka*, 가이즈카향나무) : 침엽이 없고 옆 가지가 나선상으로 배열됨.
*연필향나무(J. *virginiana*) : 수관이 좁고 대부분의 침엽이 마주남.

녹색

이태리포플러

Populus euramericana Guiner
버드나무과

수꽃

분포 / 캐나다 원산. 이태리에서 도입. 전국에서 심음.
특징 / 낙엽 교목. 높이 30m
줄기 / 수피는 은백색. 피목은 불규칙한 마름모형.
어린가지는 붉은빛이고 가지는 둥글다.
잎 / 어긋나기. 삼각형이며 길이는 8~10cm.
잎자루는 편평하고 붉으며 잎 길이의 3/4쯤 됨.
꽃 / 암수딴그루. 꼬리 화서로 길이는 8cm
열매 / 삭과로 2갈래임. 5월에 익음.
번식 / 꺾꽂이
용도 / 펄프재, 조림수, 가로수

호두나무
(호도나무, 추자나무)

Juglans sinensis (DC.)Dode
가래나무과

58

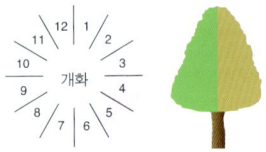

분포 / 중국 원산.
경기 이남에 심음.
특징 / 낙엽 교목. 높이 20m
줄기 / 수피는 회갈색이고
세로로 갈라짐. 소지에
피목이 발달함.
잎 / 기수 우상 복엽. 어긋나기.
소엽은 5~7개이며 달걀형으로
길이는 4.5~12.5cm.
가장자리는 밋밋함.
꽃 / 암수한그루. 수꽃은 꼬리
화서이며 길이는 13~15cm.
암꽃 길이는 3~4cm로
1~3개씩 달림.
열매 / 핵과. 구형이며
길이는 4.5~6cm. 9월에
녹갈색으로 익음.
번식 / 접목, 종자
용도 / 식용, 용재수, 약용

위부터 호두나무 암꽃 / 가래나무 열매 / 페칸 열매

*가래나무(*J. mandshurica*) ☞ 『❶권 산나무-봄』 58쪽 : 소엽이 9~17개이고
열매가 더 작다.
*페칸(*Carya illinoiensis*) 북미에서는 열매를 호두처럼 먹는다.
소엽은 9~17장으로 피침형이다.

버드나무 <small>(버들, 뚝버들)</small>

Salix koreensis Andersson
버드나무과

60

분포 / 전국 산야
특징 / 낙엽 교목. 높이 20cm
줄기 / 수피는 암갈색이고 세로로 갈라짐.
잎 / 어긋나기. 피침형으로 길이는 5~12cm. 가장자리에 작은 톱니가
있고, 잎자루는 6~13mm
꽃 / 암수딴그루. 화서 길이는 1~2cm.
열매 / 삭과. 5월에 익으며 종자에 솜털이 있음.
번식 / 종자, 꺾꽂이
용도 / 관상수, 방수림, 목재(기구재, 펄프, 연료)

왼쪽 아래부터 수꽃 / 수형 / 덜 여문 열매

*능수버들(*S. pseudo-lasiogyne*) ☞ 186쪽 : 버드나무와 달리 원가지부터 늘어진다.
*수양버들(*S. babylonica*) : 버드나무와 달리 원가지부터 늘어지고,
능수버들과 달리 어린가지가 적자색이다.

버드나무

뽕나무(오디나무)

Morus alba L.
뽕나무과

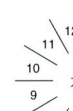

분포 / 중국 원산. 전국에서 심음.
특징 / 낙엽 교목. 높이 15m
줄기 / 수피는 황갈색이고 백색 유액이 나온다.
잎 / 어긋나기. 넓은 달걀형이며 길이는 5~15cm.
불규칙한 톱니가 있고 기부는 3출맥
꽃 / 암수딴그루. 꼬리 화서
열매 / 취화과. 계란형으로 길이는 1~2.5cm. 5~7월에 암자색으로 익음.
번식 / 꺾꽂이, 종자
용도 / 잎(양잠용), 열매(식용, 약용), 목재(기구재, 조각재)

왼쪽 아래부터 수꽃 / 수형 / 산뽕나무 열매

---

*산뽕나무(*M. bombycis*) ☞『❶권 산나무-봄』71쪽 : 암술대가 길고 잎의 톱니가 더 예리하다.

두충

Eucommia ulmoides Oliver
두충나무과

66

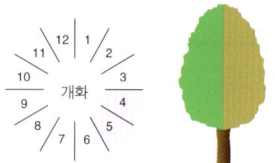

위부터 열매 / 꽃

분포 / 중국 원산. 전국에 심음.
특징 / 낙엽 교목. 높이 10(~15)m
수피 / 회갈색
잎 / 어긋나기. 달걀상 타원형이며 길이는 6~16cm. 가장자리에
잔 톱니가 있고, 잎맥은 5~6쌍. 자르면 고무질의 실 같다.
꽃 / 암수딴그루. 잎보다 먼저 개화. 꽃잎은 없음.
열매 / 시과. 날개는 두껍고 질기며 길이는 3~4cm. 10월에 익음.
번식 / 종자, 꺾꽂이
용도 / 약용(껍질, 잎), 식용(차)

화살나무(참빗나무, 홋잎나무)

Euonymus alatus Sieb.
노박덩굴과

분포 / 전국
특징 / 낙엽 관목.
높이 1.5~3.0m
줄기 / 녹색이며 2~4줄의
목질 날개가 있다.
잎 / 마주나기. 타원형이며
길이는 2~7cm.
가장자리에 톱니가 있고
잎자루는 1~3mm
꽃 / 취산 화서로 꽃자루는
1~2cm. 꽃잎이 4장이며
지름은 5~7mm. 녹황색
열매 / 삭과. 적갈색이며
4갈래로 갈라짐. 종자의
겉껍질은 주홍색.
10월에 익음.
번식 / 꺾꽂이, 종자
용도 / 관상수(단풍),
약용(날개)

위부터 꽃 / 열매 / 회잎나무 열매

*회잎나무(for. *ciliato-dentatus*) ☞ ❶권 산나무-봄』74쪽 : 가지에 날개가 없다.

은단풍

Acer saccharinum Linnaeus
단풍나무과

위부터 열매 / 꽃

분포 / 북미 원산. 전국에서 심음.

특징 / 낙엽 교목. 높이 40m

수피 / 회갈색

잎 / 마주나기. 원형으로 지름은 8~14cm. 손바닥처럼 깊게
5~7열로 갈라지고 다시 3갈래로 갈라짐. 뒷면 은백색

꽃 / 꽃잎은 없고 길이는 5mm. 황록색으로 잎보다 먼저 개화함.

열매 / 시과. 직각으로 벌어짐. 날개 길이는 3~6cm

번식 / 종자

용도 / 관상수, 조림수, 가로수, 목재(기구재, 단판)

은단풍

*설탕단풍(*A. saccharum*) : 잎이 3~5갈래로 다소 얕게 갈라지며,
잎 뒷면은 은백색이 아니다. 열매의 날개가 약간 벌어짐.

흰색

목련(고부시목련, 산목련)

Magnolia kobus De Candolle
목련과

74

분포 / 제주도에서 자생함. 전국에서 심음.
특징 / 낙엽 교목. 높이 20m
수피 / 회백색
잎 / 어긋나기. 위가 넓은 긴 달걀형으로 길이는 8~17cm.
측맥은 8~12쌍. 가장자리가 약간 구불거림.
꽃 / 양성화. 백색이며 지름은 9~10cm. 꽃잎은 6(~9)장이고
기부는 담홍색. 꽃받침은 3장이고 잎보다 먼저 개화함.
열매 / 골돌. 원주형으로 갈색이며 길이는 3.5~11cm.
종자에 하얀 실 같은 것이 달림. 주홍색으로 9~10월에 익음.
번식 / 종자
용도 / 관상수, 목재(기구)

*백목련(*M. denudata*) ☞76쪽 : 꽃잎과 꽃받침의 구분이 어렵고 꽃이 유백색임.

백목련

Magnolia denudata
 Desrousseaux
목련과

왼쪽 위 열매 / 덜 여문 열매

분포 / 중국 원산. 전국에 심음.
특징 / 낙엽 교목. 높이 20m
줄기 / 수피는 회색이며 겨울눈에는 갈색 털이 많이 남.
잎 / 어긋나기. 위가 넓은 달걀형이며 길이는 10~18cm.
뒷면에 긴 털이 있음. 측맥은 8~10쌍
꽃 / 지름 10~12cm, 꽃자루가 부풀어 있음. 화피편은 9장.
잎보다 먼저 개화함.
열매 / 골돌. 원주형으로 길이는 13~15cm. 8~9월에 익음.
번식 / 접목, 종자
용도 / 관상수

*별백합(*M. stellata*) : 12~18개의 화피편이 별 모양으로 개화함.
*자목련(*M. liliflora*) : 관목상으로 자라며 꽃잎은 자주색임.

붓순나무

Illicium reliogiosum
Linnaeus
붓순나무과

78

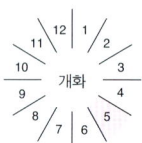

왼쪽 위부터 열매 / 수피 / 수형 / 꽃

분포 / 남해 섬에서 자생
특징 / 상록 소교목. 높이 3~5m
잎 / 어긋나기. 긴 타원형이며 길이는 5~10cm.
양끝이 뾰족하며 톱니는 없음.
꽃 / 연한 황백색으로 지름은 2.5~4cm. 꽃잎은 12장, 꽃받침잎은 6장.
열매 / 골돌이며 지름은 2~2.5cm. 6~12개의 조각이 별 모양으로
배열됨. 9월에 익음.
번식 / 종자, 꺾꽂이
용도 / 관상수, 목재(기구재, 향료)

녹나무

Cinnamomum camphora Siebold
녹나무과

80

위부터 꽃 / 열매

분포 / 제주도 자생. 남부 지방에서 심음.

특징 / 상록 교목. 높이 30m

수피 / 황갈색이고 세로로 갈라짐.

잎 / 어긋나기. 긴 타원형이며 길이는 6～12cm.

가장자리에 톱니가 없고, 약간 구불거림. 기부는 3출맥

꽃 / 원추 화서의 길이 3.5～7cm. 백색(또는 황록색)으로 변함.

지름은 4～5mm

열매 / 핵과. 구형이며 지름은 6～8mm. 8～11월에 흑자색으로 익음.

번식 / 종자

용도 / 목재(건축재, 가구재 등), 약용, 향료, 관상수

가침박달

Exochorda serratifolia S. Moore
장미과

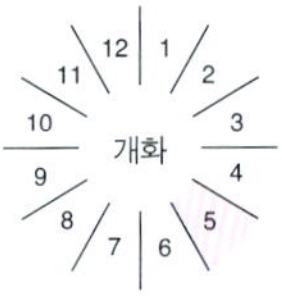

열매

분포 / 경북 이북 자생. 전국에서 심음.
특징 / 낙엽 관목. 높이 2(~5)m
줄기 / 수피는 회갈색이고 피목은 백색
잎 / 어긋나기. 타원형으로 길이는 5~10cm.
가장자리 윗부분에 톱니가 있다.
꽃 / 총상 화서로 지름은 4cm이며 꽃잎은 5장
열매 / 삭과. 종자에 날개가 있고 9월에 익음.
번식 / 종자, 꺾꽂이, 포기나누기
용도 / 관상수

조팝나무(조밥나무)

Spiraea prunifolia var.
simpliciflora Nakai
장미과

84

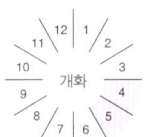

분포 / 전국
특징 / 낙엽 관목. 높이 2(~3)m
줄기 / 다갈색이며 능선이 있음.
잎 / 어긋나기. 타원형이며 길이는 1.5~3cm. 가장자리에 잔 톱니가 있다.
꽃 / 산형 화서. 작은 꽃자루는 1.5cm, 꽃잎은 5장이며 길이는 4~6mm
열매 / 골돌. 9월에 익음.
번식 / 종자, 꺾꽂이, 포기나누기
용도 / 관상수, 약용(줄기, 뿌리), 식용(새순)

*만첩조팝(*S. prunifolia*) : 꽃잎이 여러 장이다.

병아리꽃나무

Rhodotypos scandens Makino
장미과

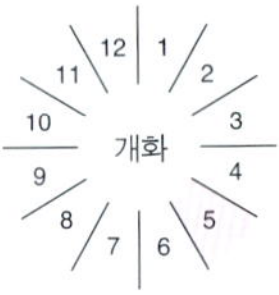

위부터 꽃 / 열매

분포 / 황해도 이남 해안. 섬 지방
특징 / 낙엽 관목. 높이 2m
잎 / 마주나기. 달걀형으로 길이는 4~8cm.
가장자리에 이중 톱니가 있고 표면에 주름이 있다.
꽃 / 지름은 3~5cm이고 꽃잎은 4장이다.
열매 / 견과. 타원형이며 길이는 8mm. 4개씩 달리고,
9월에 검은색으로 익음.
번식 / 종자, 꺾꽂이
용도 / 관상수

자두나무(자도나무, 오얏)

Prunus salicina Lindley
장미과

위부터 꽃 / 열매

분포 / 중국 원산. 전국에서 심음.
특징 / 낙엽 교목. 높이 10m
줄기 / 수피는 흑회색이고 어린가지는 적갈색
잎 / 어긋나기. 위가 넓은 달걀형으로 길이는 6~8cm.
가장자리에 이중 톱니가 있다.
꽃 / 3개씩 산형상으로 달림. 지름은 2cm, 꽃잎은 5장.
잎이 나기 전에 개화함.
열매 / 핵과. 구형이며 지름은 3.5~5cm. 7~8월에 적자색으로 익음.
번식 / 접목
용도 / 식용(열매), 관상수

왕벚나무(사꾸라나무)

Prunus yedoensis Matsumura
장미과

분포 / 한라산에 자생. 전국에서 심음.

특징 / 낙엽 교목. 높이 15m

수피 / 회갈색

잎 / 어긋나기. 타원형이며 길이는 5~12cm.

가장자리에 이중 톱니가 있고 끝이 뾰족함.

꽃 / 산형상 총상 화서. 작은꽃자루와 암술대에 털이 있음.

지름은 3~3.5cm이며 백색이나 연한 홍색으로 잎보다 먼저 개화함.

열매 / 핵과. 구형으로 지름은 7~10mm. 6~7월에 흑색으로 익음.

번식 / 종자, 접목

용도 / 관상수, 목재(가구재, 건축 내장재)

왼쪽 아래부터 꽃 / 잎 / 열매

*벚나무(*P. serrulata* var. *spontanea*) ☞150쪽 : 꽃자루와 암술대에 털이 없음.

왕벚나무

옥매

Prunus glandulosa for.
 albiplena Koehne
장미과

94

꽃

분포 / 중국 원산. 전국에 심음.
특징 / 낙엽 관목. 높이 1.5m
잎 / 어긋나기. 긴 타원형이며 길이는 3~6cm. 가장자리에 잔 톱니가 있다.
꽃 / 백색(연한 홍색)이며 꽃잎은 만첩(여러 겹). 잎과 함께 개화함.
열매 / 핵과. 구형이며 지름은 1cm. 6~8월 홍자색으로 익음.
번식 / 꺾꽂이, 포기나누기, 종자
용도 / 관상수

분홍매

*분홍매(*P. glandulosa* cv.) : 꽃잎이 여러 겹이며 분홍색인 것

*홍매(var. *sinensis*) : 꽃잎이 적색으로 여러 겹인 것

앵도나무(앵두나무)

Prunus tomentosa Thunberg
장미과

분포 / 중국 원산. 전국에서 심음.
특징 / 낙엽 관목. 높이 1~3m
줄기 / 수피는 흑갈색이며 소지에 털이 많음.
잎 / 어긋나기. 타원형이며 길이는 3~7cm.
가장자리에 잔 톱니가 있고 뒷면에 털이 많음.
꽃 / 백색이며 꽃자루는 2mm 이하. 잎과 함께 개화함.
열매 / 핵과. 구형이며 지름은 1cm. 6월 홍색으로 익음.
번식 / 포기나누기, 접목
용도 / 식용, 관상수

꽃

홍가시나무

Photinia glabra (Thunb.) Maxim.
장미과

분포 / 일본 원산. 남부 지방에서 심음.
특징 / 상록 소교목. 높이 5(~10)m
줄기 / 흑회색이며 어린 가지는 붉은색
잎 / 어긋나기. 두껍고 질기며 타원형으로 길이는 5~10cm.
가장자리에 예리한 톱니가 있다. 새 잎은 붉은색
꽃 / 복산방 화서(원추 화서)의 지름은 5~10cm, 꽃의 지름은 7~8mm
열매 / 이과. 달걀형으로 지름은 5mm. 10월에 홍색으로 익음.
번식 / 꺾꽂이
용도 / 관상수, 특히 생울타리용

위부터 꽃 / 덜 여문 열매

다정큼나무

Raphiolepis umbellata Makino
장미과

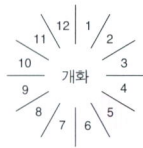

위부터 꽃 / 열매

분포 / 남해 도서
특징 / 상록 활엽 관목. 높이 2~4m
줄기 / 어린가지가 돌려나고 털이 있다.
잎 / 어긋나기. 두껍고 질기며 긴 타원형으로 길이는 4~10cm.
가장자리에 둔한 톱니가 있다.
꽃 / 원추 화서. 갈색 털이 있음. 꽃잎은 5장으로 백색이며
길이는 1~1.2cm
열매 / 이과. 구형이며 지름은 7~10mm. 8~9월에 흑자색으로 익음.
번식 / 종자
용도 / 관상수, 염료용, 밀원, 생울타리용

사과나무

Malus pumila var.
 dulcissima Koidzumi
장미과

104

분포 / 서부 아시아 원산. 전국에서 재배
특징 / 낙엽 소교목. 높이 10m
줄기 / 어린가지는 자주색
잎 / 어긋나기. 타원형으로 길이는 7~12cm.
가장자리에 둔한 톱니가 있음. 잎자루의 길이는 2~3cm
꽃 / 산형상으로 달림. 꽃의 지름은 4cm. 흰색이나 연한 홍색으로 개화함.
열매 / 이과이며 편구형으로 지름은 3~10cm. 양끝은 오목하며
껍질에 피목이 있음. 8~9월에 익음.
번식 / 접목
용도 / 식용

*능금(*M. asiatica*) : 꽃받침의 밑부분이 혹처럼 부푼다.

배나무

Pyrus pyrifolia Nakai cultivar
장미과

분포 / 일본 원산. 재배 과수 품종
특징 / 낙엽 교목. 높이 10m
줄기 / 어린가지는 흑갈색
잎 / 어긋나기. 넓은 달걀형이며 길이는 8~10cm.
가장자리에 뾰족한 톱니가 있다.
꽃 / 산방 화서. 꽃의 지름은 3.5~4cm
열매 / 이과. 구형이며 지름은 10cm 이상. 꽃받침은 떨어짐.
10월에 황갈색으로 익음.
번식 / 접목
용도 / 식용

위부터 꽃 / 열매

채진목

Amelanchier asiatica (Sieb. et Zucc.) Endlicher
장미과

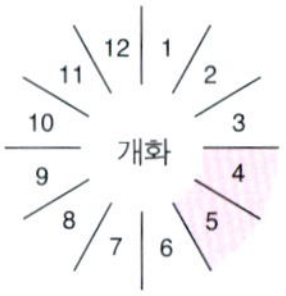

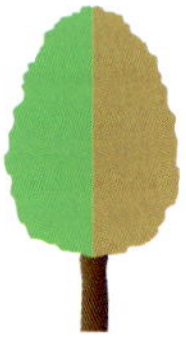

위부터 꽃 / 열매

분포 / 제주도 자생. 전국에서 심음.
특징 / 낙엽 소교목. 높이 8~10m
줄기 / 수피는 회백색. 둥근 피목이 있음.
잎 / 어긋나기. 타원형이며 길이는 4~8cm. 가장자리에 잔 톱니가 있음.
꽃 / 산방상 총상 화서로 길이는 4~7cm. 꽃잎은 5장으로 선형이며
길이는 1~1.5cm
열매 / 이과. 구형이며 지름은 1cm. 젖혀진 꽃받침이 남아 있음.
8~9월 흑자색으로 익음.
번식 / 종자, 꺾꽂이
용도 / 관상수, 식용(열매)

윤노리나무

Pourthiaea villosa Decne
장미과

분포 / 중부 이남

특징 / 낙엽 관목. 높이 5(~10)m

줄기 / 타원형 피목이 있음.

잎 / 어긋나기. 위가 넓은 달걀 모양이며 길이는 3~8cm.
가장자리에 예리한 톱니가 있음.

꽃 / 산방 화서의 지름은 3~5cm. 꽃자루에 털이 많음.

열매 / 이과. 타원형이며 길이는 1cm. 열매자루에 백색 피목이 있음.
9월에 적색으로 익음.

번식 / 종자, 꺾꽂이

용도 / 관상용, 목재(기구재), 밀원, 식용(열매)

위부터 열매 / 꽃

*떡윤노리나무(var. *brunnea*): 잎이 두껍고 열매의 지름이 12mm 정도 된다.

매실나무_(매화)

Prunus mume Siebold *et*
  Zuccarini
장미과

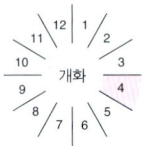

분포 / 중국 원산. 전국에 심음.

특징 / 낙엽 관목 또는 소교목. 높이 4~10m

줄기 / 어린가지는 녹색이며, 수피는 회녹색

잎 / 어긋나기. 달걀형이며 길이는 4~8cm. 가장자리에 잔 톱니가 있다.

꽃 / 지름은 2~2.5cm이고 꽃자루가 짧음. 꽃받침잎이 둥글고, 잎보다
먼저 백색 또는 연분홍색으로 개화함.

열매 / 구형으로 지름은 2~3cm. 털이 많고 7월에 녹색에서 황색으로 익음.

번식 / 종자, 접목(품종 보전시)

용도 / 관상수, 식용, 약용,

열매

만첩분홍매

*흰매실(for. *alba*) : 흰 꽃이 피는 것
*능수매(for. *pendula*) : 가지가 늘어지는 것
*만첩홍매실(for. *alphandii*) : 만첩의 붉은 꽃이 피는 것
*만첩흰매실(for. *albaplena*) : 만첩의 백색 꽃이 피는 것
*홍매실 : 진한 붉은 꽃이 피는 것

탱자나무

Poncirus trifoliata Rafinesque
운향과

114

분포 / 중국 원산. 경기 이남에서 심음.

특징 / 낙엽 관목. 높이 3m

줄기 / 녹색으로 편평하며 가시 길이는 3~5cm

잎 / 어긋나기. 3출복엽. 잎자루에 날개가 있음. 소엽은 두껍고 질기며
타원형이고 길이는 3~5cm. 가장자리에 둔한 톱니가 있다.

꽃 / 향기나는 꽃으로 지름은 1.8~3cm

열매 / 감과. 구형이며 지름은 3~5cm. 8~9월에 황색으로 익음.

번식 / 종자

용도 / 약용, 생울타리용

위부터 꽃 / 열매

호랑가시나무

Ilex cornuta Lindley
감탕나무과

위부터 열매 / 꽃

분포 / 남부 섬 지방에서 자생
특징 / 상록 관목. 높이 3~5m
수피 / 회백색
잎 / 어긋나기. 타원상 육각형으로 길이는 4~8cm.
가장자리에 각이 지고 날카로운 가시가 있음.
꽃 / 암수딴그루(또는 잡성화). 산형 화서, 꽃의 지름은 7mm.
향기가 있고 꽃자루는 짧음. 유백색으로 개화함.
열매 / 핵과. 구형으로 지름은 8~10mm. 9~10월에 적색으로 익음.
번식 / 꺾꽂이, 종자
용도 / 관상수

감탕나무

Ilex integra Thunberg
감탕나무과

분포 / 남부 지방에서 자생
특징 / 상록 활엽 소교목. 높이 10m
줄기 / 수피는 흑갈색이고 어린가지는 갈색
잎 / 어긋나기. 위가 넓은 달걀형으로 길이는 5~10cm.
가장자리가 밋밋하거나 윗부분에 2~3개의 톱니가 있음. 두껍고 질김.
꽃 / 암수딴그루. 지름은 8mm이며 유백색으로 개화함.
열매 / 핵과. 구형이며 지름은 1~1.3cm. 8~10월에 적색으로 익음.
번식 / 종자
용도 / 관상수, 세공재, 조각재

위부터 꽃 / 열매

사스레피나무

Eurya japonica Thunb.
차나무과

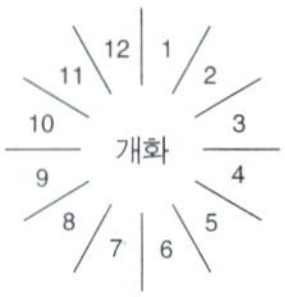

120

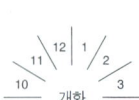

분포 / 남부 섬 지방
특징 / 상록 활엽 관목.
높이 3m
잎 / 어긋나기. 긴 타원형
이며 길이는 3~8cm.
가장자리에 톱니가 있고
표면에 광택이 남.
꽃 / 암수딴그루. 꽃잎은
5장이며 꽃자루의 길이는
2mm. 백색이나
황록색으로 개화함.
열매 / 장과. 구형으로
지름은 3~4mm.
다음해 10~11월에
흑자색으로 익음.
번식 / 종자, 꺾꽂이
용도 / 관상수,
목재(기구재), 염료(열매)

위부터 꽃 / 열매

*우묵사스레피 (*E. emarginata*) : 가지에 털이 많으며 잎 끝이 오목함.

백서향(개서향나무)

Daphne kiusiana Miquel
팥꽃나무과

122

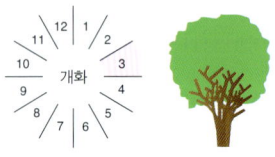

분포 / 남부 섬 지방
특징 / 상록 활엽 관목. 높이 1m
잎 / 어긋나기. 피침형으로 길이는 3~8cm.
밑부분이 좁아져 잎자루와 합쳐짐. 광택이 남.
꽃 / 암수딴그루. 꽃자루는 2mm. 포는 피침형.
꽃잎은 4갈래이며 지름은 8mm. 향기가 매우 좋음.
열매 / 장과. 구형이며 길이는 8mm. 5~6월에 붉은색으로 익음.
번식 / 종자
용도 / 관상수(향기)

위부터 백서향 / 서향 꽃 / 서향 수피

*서향(*D. odora*) : 중국원산으로 꽃이 연한 보라색임.

이팝나무

Chionanthus retusa
Lindley *et* Paxton
물푸레나무과

124

위부터 꽃 / 덜 익은 열매

분포 / 중부 이남에서 자생. 전국에서 심음.
특징 / 낙엽 교목. 높이 20m
수피 / 회갈색
잎 / 마주나기. 타원형이며 길이는 6~15cm.
가장자리가 밋밋하고 잎맥에 털이 있다.
꽃 / 취산 화서로 길이는 6~10cm.
통꽃은 깊게 4갈래로 갈라지며 길이는 1.5cm
열매 / 핵과. 타원형이며 길이는 1.2cm. 9~10월에 흑자색으로 익음.
번식 / 종자
용도 / 관상수

미선나무

Abeliophyllum distichum Nakai
물푸레나무과

126

분포 / 괴산, 영동 등. 전국에서 심음. 한국 특산

특징 / 낙엽 관목. 높이 1m

줄기 / 자줏빛이고 골속은 계단상

잎 / 마주나기. 2줄로 달림. 달걀형이며 길이는 3~8cm. 가장자리는 밋밋함.

꽃 / 총상 화서로 길이는 3~15cm. 꽃은 4갈래로 갈라지고
잎보다 먼저 백색이나 연분홍색으로 개화함.

열매 / 시과. 원형이며 길이는 2.5cm. 끝이 오목하며 9월에 붉게 익음.

번식 / 꺾꽂이, 종자

용도 / 관상수, 생울타리용

위부터 열매 / 꽃

*분홍미선(for. *lilacinum*) : 꽃이 분홍색인 것
*상아미선(for. *eburneum*) : 꽃이 상아색인 것
*푸른미선(for. *viridicalycinum*) : 꽃받침 색깔이 녹색인 것
*둥근미선(var. *rotundicarpum*) : 열매의 끝이 둥글고 작으며,
잎자루와 잎맥에 털이 있는 것

괴불나무

Lonicera maackii Max.
인동과

분포 / 전국
특징 / 낙엽 관목. 높이 5~6m
줄기 / 골속이 비어 있고, 어린가지에 굽은 털이 있음.
잎 / 마주나기. 긴 타원형이며 길이는 5~10cm. 끝이 길고 뾰족함.
꽃 / 2개씩 달리고 소포는 합쳐짐. 꽃의 지름은 2cm이고 꽃자루는 짧음.
백색으로 개화하여 황색으로 변함.
열매 / 구형이며 지름은 7mm. 2개가 모여 4개씩 달린 것으로 보임.
9~10월 적색으로 익음.
번식 / 종자, 꺾꽂이
용도 / 관상수, 식용(열매)

위부터 꽃 / 열매

*각시괴불나무(*L. chrysantha*) : 꽃자루의 길이가 2cm 정도로 길다.

괴불나무

붉은색

은백양 _(은버들)

Populus alba Linnaeus
버드나무과

分布 / 중앙아시아.
유럽 원산. 전국에서 심음.
특징 / 낙엽 교목. 높이 20m
줄기 / 수피는 회백색이고
피목은 마름모형
잎 / 마주나기. 달걀형이며
3~5갈래로 갈라짐. 길이는
4~10cm. 뒷면에 백색 털이
많음. 가장자리에 드물게
톱니가 있다.
꽃 / 암수딴그루. 꼬리 화서.
수꽃 화서의 길이는 7cm,
암꽃화서의 길이는 5cm. 포편
은 타원형이고 톱니가 있다.
열매 / 삭과. 열매이삭(과수)의
길이는 10cm. 원추형이며
길이는 5mm이고 5월에 익음.
번식 / 꺾꽂이
용도 / 관상수, 펄프재

위부터 수꽃 / 열매

미루나무(미류나무)

Populus deltoides Marshall
버드나무과

134

열매

분포 / 미국 원산. 전국에서 심음.
특징 / 낙엽 교목. 높이 30m
줄기 / 수피는 흑갈색이고 세로로 갈라짐.
잎 / 마주나기. 삼각형이며 길이는 7~12cm.
가장자리 안쪽으로 향한 톱니가 있음. 잎자루가 길고 편평함.
꽃 / 암수딴그루. 꼬리 화서. 수꽃 화서의 길이는 7~10cm,
수술 40~60개. 3~4월에 잎보다 먼저 개화
열매 / 삭과. 과수 길이는 15~20cm. 열매는 3~4갈래로 갈라짐.
5월에 갈색으로 익음.
번식 / 꺾꽂이
용도 / 가로수, 펄프재

*양버들(*P. nigra* var. *italica*) : 잎이 찌그러진 삼각형으로 너비가 더 길며,
수형이 빗자루처럼 길다.

은수원사시
(은사시나무, 현사시)

Populus tomentiglandulosa T. Lee
버드나무과

분포 / 전국에서 심음.
특징 / 낙엽 교목. 높이 20m. 수원사시나무와 은백양 사이에서 생긴 잡종
잎 / 어긋나기. 달걀형이며 길이는 3~8cm. 가장자리에 불규칙한
톱니가 있다.
꽃 / 암수딴그루(또는 한그루). 꼬리 화서의 길이는 10~12cm
열매 / 삭과. 과수 길이는 10cm. 1000개 정도 달림. 5월에 익음.
번식 / 꺾꽂이, 종자
용도 / 기구재, 조림수, 펄프재

위부터 잎 / 수꽃 화서 / 암꽃 화서

*수원사시(*P. glandulosa*) : 잎이 넓은 타원형이고 뒷면이 희지 않음.

닥나무

Broussonetia kazinoki Siebold
뽕나무과

138

분포 / 전국
특징 / 낙엽 관목. 높이 3m
수피 / 회갈색
잎 / 어긋나기. 타원형으로 길이는 5~20cm.
가장자리에 2~3개의 결각과 잔 톱니가 있다.
꽃 / 암수한그루. 수꽃은 위쪽에, 암꽃은 아래쪽에 달림. 길이는 1cm
열매 / 취화과. 구형이며 6~7월에 주홍색으로 익음.
번식 / 꺾꽂이, 포기나누기
용도 / 제지용, 식용, 약용

위부터 꽃 / 덜익은 열매

계수나무

Cercidiphyllum japonicum Siebold *et* Zuccarini
계수나무과

140

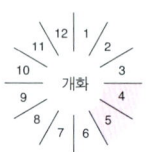

위부터 암꽃 / 열매

분포 / 일본 원산. 전국에서 심음.
특징 / 낙엽 교목. 높이 25~40m
수피 / 회갈색이며 세로로 갈라져서 떨어짐.
잎 / 마주나기. 심장형이며 길이는 3~7cm. 가장자리가 약간 구불거림.
5~7개의 장상맥이 있음. 잎자루의 길이는 1~3cm
꽃 / 암수딴그루. 꽃잎 및 꽃받침이 없음. 자주색. 잎보다 먼저 개화함.
열매 / 골돌. 굽은 원주형으로 10~18mm쯤 되며,
종자 한쪽에 5~6mm의 날개가 있음. 8월에 자갈색으로 익음.
번식 / 종자
용도 / 건축재, 가구재, 조각재, 관상수

양버즘나무

Platanus occidentalis
Linnaeus
버즘나무과

142

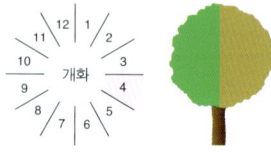

열매(왼쪽) / 꽃(오른쪽)

분포 / 북아메리카 원산. 전국에서 심음.

특징 / 낙엽 교목. 높이 20m

수피 / 얼룩무늬가 있고 얇게 벗겨짐.

잎 / 어긋나기. 넓은 달걀형으로 길이는 9∼18cm.

상단부는 장상(손바닥 모양)이며 3∼5갈래로 얕게 갈라짐.

양면에 털이 있음.

꽃 / 암수한그루. 단성화. 두상 화서.

열매 / 상과. 구형으로 지름은 2∼3cm. 1개씩 달리며

소견과의 길이는 3∼4mm. 10∼11월에 갈색으로 익음.

번식 / 꺾꽂이, 종자

용도 / 가로수, 공원수

*버즘나무(P. orientalis) : 잎의 길이가 너비보다
길고, 구형인 열매가 3-5개(드물게 2개)인 것
*단풍버즘나무(P. acerifolia) : 잎의 길이와 너비가
비슷하며 열매는 2(∼4)개씩 달린다.

단풍버즘나무의 꽃

살구나무

Prunus americana var.
  ansu Maximowicz
장미과

분포 / 중국 원산. 전국에서 심는 과수
특징 / 낙엽 소교목. 높이 6~8m
줄기 / 수피와 어린가지가 갈색임.
잎 / 어긋나기. 달걀형이며 길이는 5~9cm.
가장자리에 불규칙한 톱니가 있음. 잎자루의 길이는 2~3cm
꽃 / 양성화로 지름은 2.5~3.5cm이며 꽃자루가 거의 없음.
꽃받침잎이 뒤로 젖혀짐. 잎보다 먼저 연한 홍색으로 개화함.
열매 / 핵과. 구형이며 지름은 3cm. 털이 많고 6~7월에 황색으로 익음.
번식 / 접목
용도 / 관상수, 식용

개살구

*개살구(*P. mandshurica*) ☞『❶권 산나무-봄』134쪽 : 줄기에 코르크층이 발달함.

복사나무 (복숭아나무)

Prunus persica Batsch
장미과

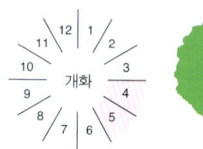

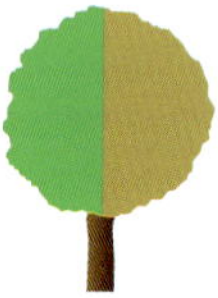

위부터 열매 / 꽃

분포 / 중국 원산.
전국에서 심음.
특징 / 낙엽 소교목. 높이 6m
수피 / 진한 홍갈색
잎 / 어긋나기. 피침형이며
길이는 7∼15cm. 가장자리에
둔한 톱니가 있음. 잎자루의
길이는 1∼2cm
꽃 / 양성화로 지름은 2.5∼
3.5cm. 꽃자루가 거의 없음.
꽃받침잎에 털이 있고 잎보다
먼저 분홍색으로 개화함.
열매 / 핵과. 구형이며 지름은
5cm 이상 됨. 8∼9월에
황(홍)색으로 익음.
번식 / 접목, 종자
용도 / 식용, 약용

*(만첩)홍도(for. *rubroplena*) : 적색 꽃이 만첩인 것
*백도(for. *alba*) : 흰 꽃이 피는 것
*만첩백도(for. *alboplena*) : 흰 꽃이 만첩인 것

복사나무

벚나무

Prunus serrulata var. spontanea
(Maxim.) Wilson
장미과

150

위부터 열매 / 꽃

분포 / 전국
특징 / 낙엽 교목. 높이 15m
수피 / 암갈색이고 윤기가 있음. 가로로 벗겨짐.
잎 / 어긋나기. 달걀형이며 길이는 5~9cm.
가장자리에 이중 톱니가 있고 끝은 침형임.
꽃 / 산방 또는 산형 화서에 2~3개씩 달림. 포는 홍갈색. 꽃자루의
길이는 0.5~1cm이고 꽃잎의 끝부분은 凹형임. 연한 분홍색(백색)
열매 / 핵과. 구형이며 지름은 8~10mm. 7~8월에 검은색으로 익음.
번식 / 종자, 접목
용도 / 관상수, 가로수, 가구재, 식용, 약용

위부터 겹벚나무 / 처진올벚

*잔털벚나무(var. *pubescens*) : 꽃자루, 잎 뒷면과 잎자루에 털이 있음.

*겹벚꽃나무(*P. donarium*) : 꽃잎이 여러 겹임.

*처진올벚(*P. leveilleana* var. *pendula*) : 가지가 늘어지는 것.

모과나무 (모개나무)

Chaenomeles sinensis Koehne
장미과

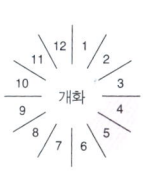

모과나무 열매 / 꽃

분포 / 중국 원산. 중부 이남에서 심음.
특징 / 낙엽 소교목. 높이 5~10m
수피 / 녹갈색 얼룩 무늬가 있고 조각으로 떨어짐.
잎 / 어긋나기. 타원형이며 길이는 5~8cm.
가장자리에 뾰족한 톱니가 있음.
꽃 / 양성화이며 지름은 2.5~3cm. 꽃받침잎에 가는 톱니가 있고,
꽃잎은 5장. 분홍색
열매 / 이과. 긴 타원형이며 길이는 10~15cm. 향기가 남.
9~10월에 황색으로 익음.
번식 / 종자, 꺾꽂이
용도 / 식용, 약용, 관상수

명자꽃 (명자나무)

Chaenomeles lagenaria Koidzumi
장미과

분포 / 중국 원산. 전국에서 심음.

특징 / 낙엽 관목. 높이 2m

줄기 / 수피는 암자색이고 가지 끝에 가시가 있음.

잎 / 어긋나기. 달걀형이며 길이는 3~9cm. 가장자리에 잔 톱니가 있음.

탁엽은 신장형이며 길이는 0.5~1.0cm

꽃 / 암수한그루. 단성화이며 지름은 2.5~3.5cm이고 꽃잎이 5장임.

홍색이나 품종에 따라 흰색, 분홍색 등으로 개화함.

열매 / 이과. 일그러진 구형으로 지름은 4~6cm.

9~10월에 녹갈색으로 익음.

번식 / 종자, 꺾꽂이, 포기나누기

용도 / 관상수, 과실주

열매

꽃아그배나무

Malus floribunda Miller
장미과

개화

157

열매 / 꽃

분포 / 중국 원산. 유럽 등에서 품종 개량. 전국에서 심음.

특징 / 낙엽 소교목. 높이 4~6m

줄기 / 다소 처지고, 수피는 회백색

잎 / 어긋나기. 달걀형이고 길이는 4~8cm.

가장자리에 예리한 톱니가 있음.

꽃 / 산방 화서에 3~7개씩 달림. 지름은 3~4cm, 꽃잎은 5장,

꽃받침 열편은 길다. 연한 분홍색이나 백색으로 개화함.

열매 / 이과. 구형이며 지름은 5~9mm. 10월 황홍색으로 익음.

번식 / 접목

용도 / 관상수

아그배나무

*아그배나무(*M. sieboldii*) ☞『❶권 산나무-봄』140쪽 : 자생적으로 분포하며
긴 가지의 잎이 3~5갈래이기도 한 것
*다양한 품종이 나와 있는데 이를 통칭하여 꽃아그배나무 또는 꽃사과라고 부른다.

복분자딸기(곰딸기)

Rubus coreanus Miquel
장미과

열매

분포 / 전국
특징 / 낙엽 관목. 높이 3m
줄기 / 늘어짐. 어린가지는 적갈색이고 흰 분으로 덮임.
구부러진 가시가 있음.
잎 / 기수 우상 복엽. 어긋나기. 소엽은 5~7개로 달걀형이며 길이는
3~7cm. 가장자리에 불규칙한 톱니가 있고, 잎자루에도 가시가 있다.
꽃 / 산방 화서. 꽃은 0.8~1cm, 꽃잎은 5장임.
열매 / 취합과. 달걀형이며 지름은 10mm.
7~8월에 적색에서 흑색으로 익음.
번식 / 꺾꽂이
용도 / 식용, 약용

꽃

박태기나무

Cercis chinensis Bunge
실거리나무과

162

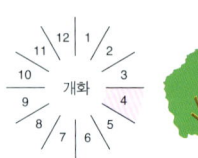

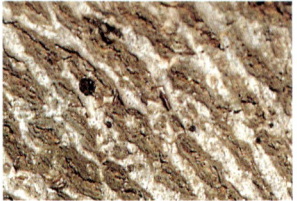

분포 / 중국 원산. 전국에서 심음.
특징 / 낙엽 관목. 높이 2~4m
수피 / 암회색이고 피목이 많음.
잎 / 어긋나기. 심장형으로 길이는 6~13cm.
아래에서부터 5개의 맥이 발달함.
꽃 / 산형 화서에 8(~30)개씩 모여 달림. 접형 화관. 길이는 6~15mm.
잎보다 먼저 자주색으로 개화함.
열매 / 꼬투리. 길이는 7~12cm. 9월에 갈색으로 익음.
번식 / 종자, 포기나누기
용도 / 관상수, 약용

위부터 꽃 / 열매

등 (등나무)

Wistaria floribunda De Candolle
콩과

164

분포 / 중남부 지방에 자생. 전국에서 심음.

특징 / 덩굴성 낙엽 활엽수. 길이 10m

줄기 / 어린가지는 회갈색

잎 / 기수 우상 복엽. 어긋나기. 소엽은 13~19개로 타원형이며
길이 4~8cm

꽃 / 총상 화서의 길이 30~40cm. 접형 화관이며 지름은 2cm.
연한 보라색으로 개화함.

열매 / 꼬투리. 길이는 10~15cm. 털로 덮임. 9월에 익음.

번식 / 종자, 꺾꽂이, 접목

용도 / 관상수, 사방용

위부터 꽃 / 열매, 종자

*흰등(for. *alba*) : 흰 꽃이 핌.

꽃아까시나무

Robinia hispida Linneus
콩과

분포 / 미국 원산.
전국에서 심음.
특징 / 낙엽 관목.
높이 1m
줄기 / 길고 억센 적색
털이 있음.
잎 / 기수 우상 복엽.
어긋나기. 소엽은 넓은
타원형으로 7~13개이며
길이는 2~5cm
꽃 / 총상 화서에
3~7개씩 달림.
접형 화관. 꽃자루에
붉고 긴 털이 있음.
꽃받침 뒷면은 홍색.
분홍색
번식 / 포기나누기
용도 / 사방용, 관상수

왼쪽 아래부터 열매 / 수형 / 꽃 / 아까시나무

*아까시나무(아카시아, *R. pseudoacacia*) ☞『❶권 산나무-봄』112쪽 :
꽃이 흰색이며 교목으로 자람.

멀구슬나무

Melia azedarach var. *japonica* Makino
멀구슬나무과

168

분포 / 남부 지방에서 심음.
특징 / 낙엽 교목. 높이 20m
수피 / 암갈색이고 잘게 갈라짐.
잎 / 2~3회 기수 우상 복엽. 어긋나기. 길이는 80cm, 잎자루는 12cm.
소엽이 달걀형이며 길이는 3~7cm, 가장자리에 톱니가 있다.
꽃 / 원추 화서. 꽃잎은 5장이며, 꽃받침은 깊게 5열로 갈라짐.
연한 보라색으로 개화함.
열매 / 핵과. 타원상 구형이며 길이는 1~2cm. 9~10월에
엷은 황색으로 익음.
번식 / 종자
용도 / 관상수, 가구재, 약용

위부터 꽃 / 열매

단풍나무

Acer palmatum Thunbergii
단풍나무과

꽃

분포 / 중부 이남. 전국에서 심음.
특징 / 낙엽 교목. 높이 10m
줄기 / 수피는 회갈색이고 어린가지는 적갈색
잎 / 마주나기. 원형이며 5～7 갈래로 갈라짐. 지름은 7～10cm,
열편 가장자리에 잔 톱니가 있다. 잎자루는 3～5cm
꽃 / 암수한그루(또는 잡성화). 산방 화서. 꽃받침잎은 2～3mm이며 5장.
꽃자루의 길이는 2～3cm. 붉은색으로 개화함.
열매 / 시과이며 길이는 2～2.5cm. 둔각으로 벌어지고,
9월에 연갈색으로 익음.
번식 / 종자
용도 / 관상수, 건축재, 조각재

단풍 든 모습과 잎

당단풍

*내장단풍(var. *nakaii*) : 잎이 9갈래이고, 열매가 수평으로 벌어진다.
*털단풍(var. *pilosum*) : 잎자루, 잎 뒷면, 꽃자루 등에 흰 털이 많다.
*세열단풍(var. *dissectum*) : 잎이 가늘게 갈라지는 조경수 품종
*홍단풍(cv. *sanguineum*) : 봄에도 붉은색을 띠는 단풍나무 품종을 통틀어
홍단풍이라고 한다.
*당단풍(*A. pseudo-sieboldianum*) ☞ 『❷권 산나무-여름·가을』 197쪽 :
중부 지방에 주로 분포하며 잎이 9~11갈래로 갈라짐.

동백나무

Camellia japonica L.
차나무과

174

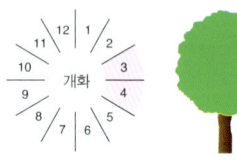

분포 / 중부 이남 해안

특징 / 상록 소교목. 높이 8m

줄기 / 수피에는 회갈색 얼룩이 있고 어린가지는 홍갈색

잎 / 어긋나기. 타원형이며 길이는 6~12cm. 가장자리에 파도형 잔 톱니
가 있음. 잎이 두껍고 질기며 끝이 뾰족함.

꽃 / 양성화. 지름은 5~6cm. 꽃잎은 5~7장이고 수술은 노란색.
적색 또는 백색, 분홍색 등으로 개화함.

열매 / 삭과. 구형으로 지름은 3~4cm. 3갈래로 벌어짐. 종자는 암갈색.
9~10월 황갈색으로 익음.

번식 / 종자, 꺾꽂이

용도 / 관상수, 유지용, 기구재

위부터 열매 / 분홍동백 / 흰동백

동백나무

식나무

Aucuba japonica Thunberg
층층나무과

왼쪽 위부터 열매 / 수형 / 꽃 / 금식나무

분포 / 경기 이남 해안의 섬 지방
특징 / 상록 관목. 높이 3m
줄기 / 어린가지는 녹색
잎 / 마주나기. 타원형으로 길이는 5～20cm.
가장자리에 톱니가 있고 잎자루의 길이는 2～5cm
꽃 / 암수딴그루. 원추 화서. 암꽃 화서는 2cm, 수꽃 화서는 10cm.
꽃의 지름은 8mm이며 꽃잎은 4장이다. 자갈색
열매 / 핵과. 타원형이며 길이는 1.5～2cm. 10월에 적색으로 익음.
번식 / 종자, 꺾꽂이
용도 / 관상수, 약용

*금식나무(for. *variegata*) : 잎에 금색 반점이 있다.

산철쭉

Rhododendron yedoense var. *poukhanense* Nakai
진달래과

180

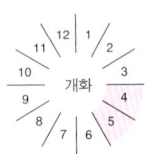

분포 / 전국
특징 / 낙엽 관목. 높이 1~2m
줄기 / 수피는 회갈색. 어린가지는 갈색인데 털이 있고 끈적거림.
잎 / 어긋나기. 긴 타원형이며 길이는 3~8cm. 뒷면에 갈색 털이 있고
가장자리는 밋밋하다.
꽃 / 양성화로 2~3개씩 달림. 깔때기 모양이며 4갈래로 갈라짐.
지름은 5~6cm이며 꽃잎 안쪽에 짙은 반점이 있음. 진한 분홍색
열매 / 삭과. 달걀형이며 길이는 8~10mm. 긴 털이 있음.
9월에 갈색으로 익음.
번식 / 종자, 꺾꽂이
용도 / 관상수

왼쪽 위부터 꽃 / 열매 / 가지 / 꽃

홍철쭉(맨 위)과
철쭉류(*Rhododendron*) 원예 품종

*진달래(*R. mucronulatum*) ☞『❶권 산나무 - 봄』142쪽 : 꽃이 먼저 핀다.

*철쭉꽃(*R. schlippenbachii*) ☞『❶권 산나무 - 봄』148쪽 :
꽃이 연한 분홍색이며 잎은 위가 넓은 달걀형으로 크다.

수수꽃다리

Syringa dilatata Nakai
물푸레나무과

분포 / 북한에 자생. 전국에서 심음.
특징 / 낙엽 관목. 높이 2~3m
줄기 / 수피는 암갈색이고
어린가지는 회갈색
잎 / 마주나기. 심장형이며
길이는 5~12cm. 꽃자루의 길이는
2~2.5cm. 잎 끝이 뾰족하고
가장자리는 밋밋함.
꽃 / 원추 화서의 길이는 7~12cm.
화축에 돌기가 있음. 꽃의 지름은
4~8mm이고, 통부의 길이는
10~15m. 4갈래로 갈라지며,
연한 자주색으로 개화
열매 / 삭과. 타원형이며 끝이
뾰족함. 길이는 9~15mm. 9월에
갈색으로 익음.
번식 / 종자, 꺾꽂이, 접목
용도 / 관상수, 조각재, 공업용

열매 / 꽃 / 개회나무

*라일락(S. vulgaris) : 유럽에서 도입되어 관상수로 널리 심으며,
꽃이 크고 향기가 강하다.
*꽃개회나무(S. wolfi) : 꽃이 새 가지 끝에 달림
*개회나무(S. reticulata var. mandshurica) : 꽃이 유백색이며 수술이 길게
꽃잎 밖으로 나옴.

노란색

능수버들

Salix pseudo-lasiogyne
Leysser
버드나무과

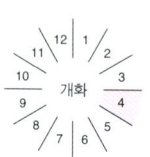

개화

왼쪽 위 수꽃 / 열매

분포 / 전국
특징 / 낙엽 교목. 높이 20m
줄기 / 수피가 세로로 갈라지고 회갈색임. 어린가지는 황록색
잎 / 어긋나기. 좁은 피침형이며 길이는 7~12cm. 가장자리에
잔 톱니가 있으며, 잎자루는 2~4mm
꽃 / 암수딴그루. 꼬리 화서. 수꽃 화서의 길이는 1~2cm,
포는 타원형이며 긴 털이 있다. 암꽃 화서의 길이는 1~2cm이며
포는 달걀형이고 녹색이다.
열매 / 삭과. 열매이삭(과수)의 길이는 2cm. 털이 있고, 6월에 익음.
번식 / 꺾꽂이, 종자
용도 / 풍치수, 기구재, 가로수

*수양버들(*S. babylonica*) : 어린가지가 적갈색인 것
*버드나무(*S. koreensis*) ☞60쪽 : 가지가 처지지 않는 것
*용버들(*S. matsudana* for. *tortuosa*) ☞188쪽 : 가지가 처지며 구불거리는 것

용버들

Salix matsudana for.
 tortuosa Rehder
버드나무과

왼쪽 위 수꽃 화서 / 위부터 줄기와 잎 / 열매

분포 / 중국 원산. 전국에서 심음.
특징 / 낙엽 교목. 높이 10m
줄기 / 수피는 암회색. 어린가지가 밑으로 처지며 구불구불함.
잎 / 어긋나기. 좁은 피침형이며 길이는 6~8cm.
가장자리에 잔 톱니가 있음.
꽃 / 암수딴그루. 꼬리 화서의 길이는 1.5~2cm
열매 / 삭과. 열매이삭(과수)의 길이는 2cm. 열매는 5월에 익음.
번식 / 꺾꽂이
용도 / 풍치수, 판재

자작나무

Betula platyphylla var.
 japonica Hara
자작나무과

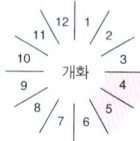

개화

위부터 열매 / 암꽃과 수꽃

암꽃   수꽃

분포 / 강원도 이북에 분포. 중부 지방에서 심음.

특징 / 낙엽 활엽 교목. 높이 20m

줄기 / 수피는 백색이며 가로로 벗겨짐. 어린가지에 암갈색 지점이 있음.

잎 / 어긋나기. 달걀형이며 길이는 5~7cm. 가장자리에 이중 톱니가
있고, 측맥은 6~8쌍

꽃 / 암수한그루. 수꽃 꼬리 화서의 길이는 6~8cm이며 황갈색.
암꽃 화서는 위로 서며 길이는 2cm이고 녹색임.

열매 / 소견과. 열매이삭의 길이는 3~5cm. 날개가 종자 너비보다 넓음.
9월에 갈색으로 익음.

번식 / 종자

용도 / 조림수, 용재수, 약용

느티나무

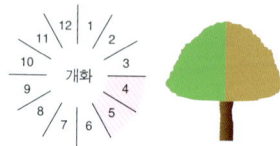

Zelkova serrata Makino
느릅나무과

192

분포 / 전국

특징 / 낙엽성 교목. 높이 25m

줄기 / 수피는 황갈색이며 비늘처럼 떨어짐.
피목이 옆으로 발달하며 어린가지는 자갈색

잎 / 어긋나기. 타원형이며 길이는 2~13cm. 가장자리에 톱니가 있고,
측맥은 8~14쌍

꽃 / 암수한그루. 취산 화서. 암꽃은 1~2개씩 달리고
수꽃은 10개씩 모여남. 황갈색

열매 / 핵과. 구형이며 지름은 4mm. 뒷면에 능선이 있으며
10월에 황록색으로 익음.

번식 / 종자

용도 / 정자목, 녹음수, 가구재, 건축재

왼쪽 아래부터 덜 여문 열매 / 수형 / 수꽃

느티나무

당매자나무

Berberis poiretii Schneider
매자나무과

196

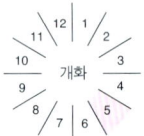

분포 / 중부 이북

특징 / 낙엽 관목. 높이 1~2m

줄기 / 가지는 능각이며 자갈색.

가시의 길이는 0.5~1cm이며 3갈래로 갈라짐.

잎 / 어긋나기(총생). 위가 넓은 피침형이며 길이는 1.5~4.5cm.

가장자리가 밋밋함.

꽃 / 총상 화서의 길이는 3~6cm이며 아래로 처지고

꽃이 8~15개씩 달림. 지름은 6mm이며 꽃잎은 6장. 황색.

열매 / 장과. 타원형이며 지름은 9mm. 9월에 붉은색으로 익음.

번식 / 종자

용도 / 조경용, 약용

왼쪽 아래부터 꽃 / 수형 / 열매 /
매자나무

*매자나무(*B. koreana*) : 잎 가장자리에 침 같은 톱니가 있으며
잎 같은 가시가 장상(손바닥 모양)으로 갈라져 있다.
*매발톱나무(*B. amurensis*) : 가시가 3갈래이며 잎 가장자리에
침 같은 톱니가 발달해 있다.

히어리
(각설대나무, 송광납판화)

Corylopsis coreana Uyeki
조록나무과

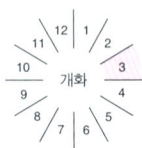

분포 / 경기도 이남에서 자생. 한국 특산 식물. 전국에서 심음.
특징 / 낙엽 관목. 높이 5m 정도
줄기 / 수피는 황갈색이며, 피목은 백색
잎 / 어긋나기. 심장형이며 길이는 5~9cm.
가장자리에 뾰족한 톱니가 있음. 측맥 5~8쌍이 뚜렷함.
꽃 / 양성화. 총상 화서의 길이는 3~4cm이며 아래로 처짐.
꽃은 8~12개씩 달리고, 꽃잎은 5장. 잎보다 먼저 황색으로 개화함.
열매 / 삭과. 구형이며 털이 많음. 2갈래로 갈라지며,
종자는 2~4개로 검은색임. 9월에 익음.
번식 / 종자, 꺾꽂이
용도 / 관상수

왼쪽 위부터 꽃 / 수피 / 열매 / 수형

풍년화

Hamamelis japonica Siebold
  et Zuccarini
조록나무과

200

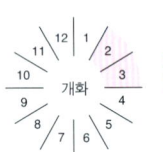

분포 / 일본 원산. 전국에서 심음.

특징 / 낙엽 관목. 높이 2.5m

줄기 / 수피는 회갈색이며 어린가지는 황갈색

잎 / 어긋나기. 넓은 달걀형이며 길이는 5~10cm.
가장자리 윗부분에 톱니가 있으며, 측맥은 5~6쌍

꽃 / 양성화. 작은 두상 화서. 꽃잎은 4개이며 길이는 2cm. 꽃받침잎은
적갈색이며 뒤로 젖혀짐. 노란색(안쪽은 자주색)으로 개화함.

열매 / 삭과이며 길이는 8~10mm. 짧은 털이 있으며 2갈래로 갈라짐.
종자는 검은색. 10월에 황갈색으로 익음.

번식 / 종자, 꺾꽂이

용도 / 관상수

왼쪽 아래부터 열매 / 수형 / 꽃

*중국풍년화(*H. chinensis*) : 꽃 색이 더 진함.
*서양풍년화(*H. virginiana*) : 잎 가장자리에 불규칙한 톱니가 있고,
꽃은 가을철에 잎과 같이 핌.

황매화(죽단화, 죽조화, 수중화)

Kerria japonica De Candolle
장미과

202

열매

분포 / 일본 원산. 전국에서 심음.
특징 / 낙엽 관목. 높이 1.5~2m
줄기 / 녹색이며 능각을 이룬다.
잎 / 어긋나기. 달걀형이며 길이는 2~8cm. 끝이 뾰족하며
가장자리에 이중 톱니가 있음. 탁엽은 선형
꽃 / 양성화이며 지름은 3~4cm. 꽃잎과 꽃받침잎은 5개.
꽃자루의 길이는 2cm.
열매 / 수과. 꽃이 진 후에 남은 꽃받침 안에 5개씩 달림.
8~9월에 흑자색으로 익음.
번식 / 꺾꽂이, 포기나누기
용도 / 관상수

죽단화

*죽단화(for. *plena*, 겹황매화) : 꽃잎이 많다.

개느삼_(개미풀)

Echinosophora koreensis
 Nakai
콩과

204

꽃

분포 / 양구 이북에 자생. 한국 특산 식물. 전국에서 심음.

특징 / 낙엽 관목. 높이 1m

줄기 / 암갈색이며 털이 있고 땅속줄기가 발달해 있음.

잎 / 기수 우상 복엽. 어긋나기. 길이는 4~6cm. 소엽은 13~17개로
타원형이며 길이는 0.8~1cm. 뒷면에 백색 털이 있음.

꽃 / 총상 화서의 길이는 3~5cm. 꽃이 5~6개씩 모여 달림.
접형 화관의 길이는 1.5cm이고 기판은 뒤로 젖혀짐.
소포는 피침형. 꽃받침은 5갈래임.

열매 / 꼬투리. 길이는 7cm이고 표면에 돌기가 많음.
7월에 회갈색으로 익음.

번식 / 종자, 포기나누기

용도 / 관상수

골담초

Caragana sinica Rehder
콩과

206

분포 / 중부 이남
특징 / 낙엽 소관목. 높이 1.5m
줄기 / 수피는 갈색. 가시가 발달하고,
능각이 5개임. 털이 있다.
잎 / 우수 우상 복엽. 어긋나기.
소엽은 4개로 긴 타원형이며 길이는
1~3cm이고 가장자리는 밋밋하다.
꽃 / 총상 화서의 길이는 8~15cm,
접형 화관의 길이는 2~3mm.
꽃받침에 털이 있음.
열매 / 꼬투리. 편평한 선형이며
길이는 3~4cm. 표면에 갈고리 같은
털이 있음. 9월에 익음.
번식 / 종자, 꺾꽂이, 포기나누기
용도 / 약용, 관상수

꽃

회양목

Buxus microphylla var. *koreana* Nakai
회양목과

208

분포 / 전국의 석회암 지대
특징 / 상록 관목. 높이 7m
줄기 / 어린가지는 녹색이며, 네모짐.
잎 / 마주나기. 타원형이며 길이는 1.~1.5cm. 두껍고 질기며
가장자리는 밋밋함.
꽃 / 단성화이며 잎겨드랑이에 암꽃 한 송이와 수꽃 몇 송이가 함께 달림.
꽃받침잎은 4장
열매 / 삭과. 달걀형이며 길이는 10mm. 6~7월에 갈색으로 익음.
번식 / 종자, 꺾꽂이
용도 / 관상수, 조각재, 생울타리용

왼쪽 아래 꽃 / 열매

*섬회양목(var. *insularis*) : 남부 섬 지방에 자생하며 잎이 크고, 광택이 있다.
*긴잎회양목(for. *elongata*) : 잎이 좁은 피침형이다.

네군도단풍

Acer negundo Linnaeus
단풍나무과

210

왼쪽 아래부터 열매 / 꽃

분포 / 북미 원산. 전국에서 심음.
특징 / 낙엽 교목. 높이 20m
줄기 / 수피는 회갈색이고 어린가지는 녹색
잎 / 기수 우상 복엽. 마주나기. 길이는 10~25cm. 소엽은 타원형으로
3~5개이며 길이는 5~10cm. 가장자리에 불규칙한 톱니가 있음.
꽃 / 암수딴그루. 수꽃 산방 화서의 꽃자루가 길고 밑으로 처짐.
암꽃은 총상 화서임. 잎보다 먼저 개화함.
열매 / 시과. 길이는 3~3.5cm. 날개 너비는 8~10mm로
예각(또는 직각)을 이루며, 9월에 익음.
번식 / 종자, 꺾꽂이
용도 / 관상수, 가구재, 건축재

중국단풍

Acer buergerianum Miquel
단풍나무과

위부터 단풍 든 모습 / 열매

분포 / 중국 원산. 전국에서 심음.
특징 / 낙엽 교목. 높이 10m
수피 / 갈색이며 벗겨짐.
잎 / 마주나기. 타원형이며 길이는 6~10cm. 얕게 3갈래로 갈라짐.
열편의 가장자리는 밋밋함.
꽃 / 암수딴그루. 산방 화서의 지름은 3cm. 화서에 털이 있음.
꽃자루의 길이는 1.5~2cm, 꽃받침잎 5개. 황(록)색으로 개화함.
열매 / 시과. 길이 2~2.5cm, 너비 8~10mm. 둔각을 이룸.
소견과가 특히 돌출함. 8월에 황갈색으로 익음.
번식 / 종자
용도 / 관상수

삼지닥나무 (황서향나무)

Edzeworthia papyrifera Siebold *et* Zuccarini
팥꽃나무과

214

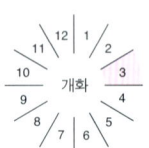

분포 / 중국 원산. 남부 지방에서 심음.

특징 / 낙엽 관목. 높이 1~2m

줄기 / 수피는 황갈색이며 질김. 가지는 3갈래.
어린가지에는 녹황색 털이 있음.

잎 / 어긋나기. 넓은 피침형이며 길이는 8~15cm이고 뒷면에 털이 있다.

꽃 / 산형상이며 꽃잎이 없음. 꽃받침은 보통 4갈래이며
길이는 1.2~1.4cm, 꽃자루의 길이는 1cm. 잎보다 먼저 개화함.

열매 / 수과. 달걀형이며 끝에 잔털이 있음. 7~8월에 황갈색으로 익음.

번식 / 종자, 포기나누기

용도 / 관상수, 제지 원료(수피)

줄기

뜰보리수

Elaeagnus multiflora Thunberg
보리수나무과

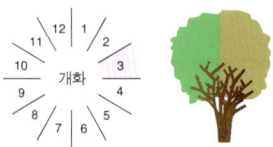

위부터 꽃 / 열매

분포 / 일본 원산. 전국에서 심음.
특징 / 낙엽 관목. 높이 2~3m
줄기 / 수피는 회갈색이고 어린가지에는 적갈색 털이 있음.
잎 / 어긋나기. 긴 타원형이며 길이는 3~7cm. 끝이 뾰족하고
뒷면에 은백색(갈색) 비늘 털이 있다. 잎 가장자리는 밋밋함.
꽃 / 꽃잎이 없음. 꽃받침에 은백색 비늘털이 많음. 4갈래를 이루며
밑부분은 좁아져 자방을 둘러쌈. 꽃자루의 길이는 4~8mm.
연한 황색으로 개화함.
열매 / 핵과. 타원형이며 길이는 1.5cm. 열매자루의 길이는 1.5~5cm.
7월에 붉은색으로 익음.
번식 / 종자, 꺾꽂이, 포기나누기
용도 / 식용, 관상수(생울타리용)

산수유

Cornus officinalis Siebold
et Zuccarini
층층나무과

218

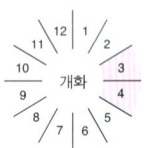

열매

분포 / 전국에서 심음.

특징 / 낙엽 소교목. 높이 7m

수피 / 벗겨짐.

잎 / 마주나기. 타원형이며 길이는 4~12cm이고 뒷면에 털이 있고
끝이 뾰족함. 가장자리는 밋밋함. 측맥은 6~7쌍

꽃 / 양성화. 산형 화서의 지름은 4~5cm이고 꽃이 20~30개씩 달림.
작은꽃자루의 길이는 6~10mm. 총포편은 4개이며 황색이고 길이는
6~8mm. 잎보다 먼저 개화함.

열매 / 핵과. 긴 타원형이며 길이는 1.5~2cm. 8월에 적색으로 익음.

번식 / 종자, 꺾꽂이

용도 / 약용, 관상수

영춘화

Jasmium nudiflorum Lindl.
물푸레나무과

220

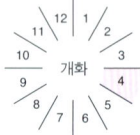

분포 / 중국 원산. 남부 지방에서 심음.

특징 / 낙엽 소관목. 높이 1~3m

줄기 / 수피는 회갈색이며, 어린가지는 녹색. 옆으로 늘어지고 능각을 이룸.

잎 / 3출 복엽. 마주나기. 소엽은 달걀형이며 길이는 1~2.5cm,

가장자리는 밋밋함.

꽃 / 나팔 모양이며 지름이 2cm이고 6갈래로 갈라짐.

꽃자루의 길이는 2mm이고 포는 마치 잎 같음. 꽃받침은 6갈래임.

4월에 잎보다 먼저 개화함.

열매 / 장과이나 보기 어려움.

번식 / 꺾꽂이, 포기나누기

용도 / 관상수

개나리 <small>(어사화, 신리화)</small>

Forsythia koreana Nakai
물푸레나무과

222

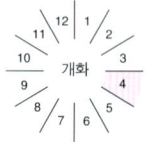

분포 / 전국에서 심음. 한국 특산 식물
특징 / 낙엽 관목. 높이 3m
줄기 / 수피는 회갈색이고 피목이 뚜렷함. 어린가지는 녹색
잎 / 마주나기. 타원형이며 길이는 3∼12cm. 가장자리 윗부분에는
톱니가 있거나 밋밋하다. 어린가지의 잎은 3갈래로 갈라짐.
꽃 / 종 모양으로 길이는 1.5∼2.5cm이며 4갈래이다.
꽃자루의 길이는 5∼6mm임.
열매 / 삭과. 달걀형이며 끝은 뾰족하다. 길이는 1.5∼2.0cm이며
겉에 사마귀 같은 돌기가 있다. 9월 갈색으로 익음.
번식 / 꺾꽂이, 종자
용도 / 울타리용, 약용

위부터 열매 / 수형

용어 해설 / 찾아보기 / 학명 찾아보기

●용어 해설

각두(殼斗) 모자처럼 도토리를 싸고 있는 딱딱한 부분

감과(柑果) 속껍질로 여러 개의 작은 방으로 나뉜 열매

견과(堅果, 도토리) 껍질이 보통 목질이며 종자가 1개 들어 있는 것

골돌(蓇葖) 각 방이 봉합선에 따라 벌어져 그 안에 종자가 들어 있는 열매

과수(果穗) 낱개의 열매가 모여 늘어져 달리는 열매 형태로 대개는
　꼬리 화서가 열매로 성숙한 경우에 해당한다.

구과(毬果) 솔방울처럼 목질 또는 막질 조각 사이에 2개 이상 들어 있는
　딱딱한 열매

기공조선(氣孔條線) 잎이 숨쉬는 부분으로 보통 잎 뒤에 흰 선으로 나타난다.

기부(基部) 뿌리와 만나는 줄기의 아래 부분

꼬리〔유이〕 화서(葇荑花序) 화축이 연하여 늘어지며 단성화로 이루어진 꽃차례

낭과(囊果) 베개처럼 부풀어 오른 열매

단성화(單性花) 암술과 수술 중 하나가 없거나 거의 퇴화된 꽃

두상 화서(頭狀花序) 머리 모양으로 모여 달리는 꽃차례

막질(膜質) 질감이 막처럼 얇은 것

무성화(無性花) 암·수술이 모두 없거나 퇴화된 꽃

복산형 화서(複繖形花序) 산형상으로 발달한 꽃자루에 다시 산형상으로
　작은 꽃자루가 달리는 산형 화서의 복합형

봉합선(縫合線) 열매의 한 부분으로 익으면 저절로 벌어지는 부분

삭과(蒴果) 익으면 2개 이상의 봉합선을 따라 벌어지는 열매

산방상 원추 화서(散枋狀 圓錐花序) 원추 화서들이 다시 산방상으로 달리는
　복합 화서의 종류

산방 화서(繖房花序) 작은 꽃자루가 가지에 달리는 위치에 따라 길이가
　다르지만 꽃이 달리는 부분이 일정한 면을 이루도록 발달한 꽃차례

산형 화서(繖形花序) 화축은 짧으나 비슷한 길이의 꽃자루가 우산 모양으로
　달리는 꽃차례

삼출엽(三出葉) 3개의 소엽으로 이루어진 잎의 종류. 잎자루가 3갈래로
　2번 갈라져 모두 9개의 소엽이 달리는 것을 2회 3출 복엽이라고 한다.

상과(桑果) 육질 혹은 목질로 된 화피가 붙어 있고, 씨방이 수과 혹은 핵과
　모양으로 되어 있는 열매

석류과(石榴果) 상하로 된 여러 개의 방으로 구성된 열매

선점(線點) 식물체에서 특별한 물질이 분비되는 곳으로 점처럼 보인다.

소엽(小葉) 복엽을 구성하고 있는 낱개의 잎

수과(瘦果) 1개의 방에 1개의 종자가 있으며 작은 깃털 같은 털이 달리는 열매

수관(樹冠) 가지와 잎이 발달하여 형성하는 나무의 상층 부분

수상 화서(穗狀花序) 화축이 발달하지만 꽃자루가 거의 없는 꽃차례

수피(樹皮) 나무의 껍질

시과(翅果) 얇은 막질의 날개가 달려 있는 열매

아린(芽鱗) 눈을 싸고 있는, 비늘처럼 생긴 조각

양성화(兩性花) 암 · 수술이 모두 있는 꽃

엽초(葉鞘) 단자엽 식물에서 줄기를 감싸고 있는 부분

엽축(葉軸) 우상 복엽에서 소엽이 달리는 중심축 부분

우상 복엽(羽狀複葉) 깃털 모양으로 소엽이 나란히 배열된 잎의 종류.
  소엽의 수가 홀수이면 기수 우상 복엽(奇數羽狀複葉),
  짝수이면 우수 우상 복엽(偶數羽狀複葉)이라고 한다.

원추상 총상 화서(圓錐狀 叢狀花序) 총상 화서들이 다시 모여 원추 모양으로
  달리는 복합 화서의 종류

원추 화서(圓錐花序) 꽃차례 전체가 원추형 것

은화과(隱花果) 주머니처럼 생긴 화탁 안에 많은 수과가 들어 있는 열매

이가화(二家花) 암꽃과 수꽃이 각각 발달하는 나무

이과(梨果) 꽃받침이 발달하여 과육이 된 것[예 - 사과, 배(종단면 포함)]

인엽(鱗葉) 측백나무 잎처럼 비늘 모양으로 납작해져 달리는 잎

일가화(一家花) 암꽃과 수꽃이 한 그루에 있는 나무로 암수한그루라고도 한다.

잡성화(雜性花) 양성화와 단성화가 한 그루에 달린 것

장과(漿果) 육질화 되어 있는 과육 사이에 여러 개의 종자가 들어 있는 것

장미과(薔薇果) 꽃받침이 발달하여 통처럼 되고 그 안에 작은 종자가
  많이 들어 있는 열매

장상 복엽(掌狀複葉) 소엽이 손바닥 모양으로 배열된 잎의 종류

접형 화관(蝶形花冠) 콩과 식물에 나타나는 꽃의 모양으로, 나비를 닮았다 하여
  붙인 이름

지점(脂點) 지방질이 분비되어 점처럼 보이는 부분

초상엽(鞘狀葉) 줄기를 둘러싼 탁엽

총상 화서(叢狀花序) 화축이 길게 자라며 꽃자루도 발달한 꽃차례

총포편(總苞片) 화서가 달리는 가지 부분에 발달하는 잎처럼 생긴
   부분의 한 조각

취산 화서(聚散花序) 줄기 끝에 달리는 꽃 밑에 세 개 이상의 꽃자루가 나와
   끝에 꽃이 달리는 꽃차례

취합과(聚合果, 聚果) 과육이 많은 여러 개의 작은 핵과로 이루어진 열매

탁엽(托葉) 가지 위의 잎자루가 달리는 부분에 작은 잎처럼 보이는 기관

포린(包鱗) 꽃자루가 가지에 달리는 부분에 발달하는 포의 조각 혹은
   참나무과 각두를 이루는 조각

피목(皮目) 수피에 있는 숨구멍으로 여러 모양으로 발달한다.

핵과(核果) 열매의 중심에 목질화한 속껍질로 싸인 종자가 있으며
   중간 껍질은 육질화한 것

협과(莢果, 꼬투리) 콩 꼬투리처럼 잘록한 마디가 있으며 익으면
   선을 따라 벌어지는 열매

●찾아보기

232

234

●학명 찾아보기

239

240

246